CE DOCUMEN

TEL QU

PHOT.
REPRODUCTION _I

LES OEUVRES
TION SUR LA PROPE
QUE (LOI DU 11 MA
REPRODUITES SAN
OU DE SES AYANTS

DANS L'INTÉRÊ
THÈQUE NATIONALE
RELATIFS AUX MANU
ELLE PRIE LES
MICROFILM DE LUI
QU'ILS ENTREPREN
L'AIDE DE CE DOCU

DE FRANCE

DEPARTEMENT
DES LIVRES IMPRIMES

FILMOTHEQUE DE SECURITE

NOTICE

SUR UNE NOUVELLE MÉTHODE

DE TAILLER

LES PÊCHERS,

ACCOMPAGNÉE D'OBSERVATIONS SUR LES SOINS QU'EXIGENT LA PLAN-
TATION, L'ÉBOURGEONNEMENT ET LE PALISSAGE DE CES ARBRES;

PAR M. JEAN-BAPTISTE COTINET,

MEMBRE DE L'ACADÉMIE D'HORTICULTURE DE PARIS,

JARDINIER-CULTIVATEUR A FOURGES (EURE).

Prix : 2 francs.

PARIS.

AU BUREAU DE L'IMPRIMERIE,

FAUBOURG MONTMARTRE, N° 11.

1834.

IMPRIMERIE DE DEZAUCHE,
Faubourg Montmartre, n° 11.

AVIS.

En me déterminant à publier cette Notice, je cède aux instances de plusieurs horticulteurs instruits, qui, frappés de la beauté et de la richesse de mes espaliers, m'ont pressé de faire connaître les principes que j'ai adoptés pour la conduite de ces arbres. Mon but, en consignant ici le fruit de mes études et de ma longue expérience, n'est pas de déprécier et de critiquer les méthodes suivies par d'autres cultivateurs, mais bien de détruire les habitudes erronées de la routine, auxquelles un grand nombre de praticiens sont encore livrés.

J.-B. COTINET.

Parmi les procédés de culture qui ont le plus concouru à l'amélioration des fruits de nos jardins, il faut compter en première ligne la taille des arbres, bien que cette opération contre nature nuise plus ou moins à l'existence des individus qu'on y soumet. Exercée par une main habile, elle assure dans toutes les parties de l'arbre la juste répartition des liquides nourriciers, en même temps qu'elle agit puissamment sur la formation et le développement des fruits. Mais cette opération, si utile et si bienfaisante dans certains cas, peut, si elle est mal dirigée, causer le dépérissement et même la perte d'un bon arbre; c'est ce qui fait que, depuis long-temps, on a senti la nécessité de déterminer par des méthodes les règles auxquelles cette taille devait être soumise.

La méthode que j'indique ici, et dont vingt années d'expérience m'ont permis d'apprécier les bons résultats, m'a surtout paru recommandable à cause de son extrême simplicité, qui permet au praticien le moins exercé d'en faire promptement l'application, et surtout à cause de la facilité avec laquelle on peut réparer promptement la perte d'une branche principale qu'un accident ou une maladie pourrait détruire.

Pour mieux définir les procédés que j'emploie, je diviserai cette Notice en onze chapitres, dont chacun sera relatif aux différentes opérations auxquelles le pêcher doit être soumis pour former un espalier, et dont la réunion constitue ce qu'on peut appeler la règle de conduite de cet arbre précieux. En ce qui concerne plus particulièrement la taille, je renverrai, en traitant ce sujet, aux différentes figures placées à la fin, et qui représentent l'arbre ainsi traité à différentes époques de son développement.

I. — PLANTATION.

L'époque de la plantation n'est pas bien fixée ; c'est toujours depuis le mois de novembre jusqu'au mois de mars ; il faut observer, toutefois, qu'il y a moins d'inconvénient à planter de bonne heure dans les terres légères que dans les terres fortes ; on sait, en général, que le pêcher greffé sur amandier se plaît beaucoup mieux dans un sol léger et sableux que dans un terrain fort et compacte. Quand on ne peut planter que dans ces derniers terrains, il convient alors de greffer sur prunier. L'exposition du levant est la meilleure ; elle est bien préférable à celle du midi, en ce que l'espalier est abrité des coups du soleil des mois de juillet et août, qui sont si pernicieux. La distance qui doit exister entre les arbres plantés est de trente pieds. Pour faire cette plantation, on creuse d'abord des trous de trois pieds de largeur en tous sens, sur deux pieds de profondeur. On plante l'arbre à la distance de six pouces du mur, avec l'attention de ne pas mettre la greffe dans terre ; elle doit toujours être à quatre pouces environ au-dessus du sol. Si la plantation a lieu avant l'hiver, vous coupez l'arbre à peu près à la moitié de la tige (fig. 1, point B).

II. — 1re ANNÉE.

Au printemps suivant, vous taillez votre arbre immédiatement au-dessus des deux yeux placés le plus près de la greffe (même figure, A A). Ces deux bour-

geons sont, comme on voit, destinés à former les
deux membres principaux, l'un à droite, l'autre à
gauche. On enduit avec soin la plaie de cire à greffer,
pour éviter les gerçures qui sont quelquefois mor-
telles. Si, par accident, un des deux yeux venait à
périr, il ne faudrait pas, pour cela, désespérer de la
réussite. Il faudrait alors donner à la branche unique
une direction verticale, afin de favoriser autant que
possible son développement, et, l'année suivante,
on taillerait cette branche au-dessus des deux yeux
placés le plus bas. Une fois donc qu'on est parvenu à
produire ces deux branches principales, il ne s'agit
plus que de les conduire de manière à en former les
deux premiers membres ; il faut d'abord leur donner
une force parfaitement égale ; c'est ce qu'on appelle
équilibrer un arbre. A cet effet, je laisse ces deux
branches pousser à leur gré jusqu'à l'époque où je
dois les attacher au treillage ; alors, si une de ces
branches est plus vigoureuse que l'autre, j'ai soin, en
l'attachant, de la fixer dans une position plus horizon-
tale, afin que la sève y arrivant moins facilement se
porte dans la branche faible, et la fortifie ; si les deux
branches, au contraire, sont égales en force, je leur
donne une égale inclinaison, et je les attache à peu
près dans la forme d'un V. Pendant tout le travail
de la sève, l'arbre est susceptible de prendre plus de
force d'un côté que de l'autre. Pour remédier à cet
inconvénient, il faut suivre attentivement les progrès
de la végétation, afin d'abaisser, comme nous l'avons
dit plus haut, les branches qui tendraient à prendre
trop d'accroissement, et de relever, au contraire,
celles qui seraient trop faibles.

III. — 2ᵉ ANNÉE.

La deuxième année, je taille ces deux jeunes membres à peu près aux trois quarts de leur longueur (fig. 2, A et B); je les ouvre un peu, en ayant toujours soin de placer le plus faible dans une position plus verticale, afin de conserver un parfait équilibre de force et de vigueur. Quant aux bourgeons qui viennent à pousser sur ces deux membres, je retranche ceux qui naissent par devant et par derrière, et je prends soin, au contraire, de ceux qui se développent latéralement; mais, pour ces derniers, j'ai l'attention de les pincer, afin d'empêcher qu'ils ne deviennent des gourmands, car on sait que ces gourmands ruinent promptement un arbre, et opposent un obstacle invincible à la régularité de la taille. Il faut, à cet égard, un peu d'habitude et de pratique pour discerner les bourgeons qui doivent former les branches à fruit, et ceux qui pourraient former des gourmands; ces derniers, en général, sont cependant plus gros, et naissent plutôt en dessus des membres qu'en dessous (fig. 2, C C). On comprend aisément, en effet, que c'est la position verticale de ces bourgeons qui favorise leur développement outre mesure.

Nous ajouterons, pour compléter les soins à donner au pêcher la deuxième année, qu'il faut bien examiner si ces deux premiers membres sont munis de bourgeons destinés à former, l'année suivante, les deux seconds membres : ces bourgeons doivent être placés le plus bas possible, et le plus près de la souche (fig. 2, B B); si ces bourgeons manquaient, il ne faudrait pas attendre à l'année suivante à poser des écussons aux places indiquées. Cette opération doit se faire dans le courant de juillet et août (même figure, B B).

IV. — 3ᵉ ANNÉE.

Le pêcher, à la troisième année, étant bien conformé sur deux membres, et ouvert dans l'angle de quarante-cinq degrés, je taille toutes les branches à fruit au deuxième bourgeon (fig. 3, A A). Ceux qui sont destinés à former les deuxièmes membres sont taillés à peu près aux trois quarts de la longueur de leur dernière pousse (fig. 3, C C), et placés dans une position presque verticale, afin de hâter autant que possible leur accroissement. Quant aux branches de continuité, je les taille à peu près aux trois quarts de leur longueur. Il faut observer de tailler ces deux membres bien également, et immédiatement au-dessus d'un œil. On doit aussi continuer toujours à faire attention aux gourmands, ainsi qu'aux bourgeons placés en dessus et en dessous. On sait que ces bourgeons doivent être retranchés avec soin; c'est ce qui constitue l'opération de l'ébourgeonnement, dont nous parlerons plus loin.

V. — 4ᵉ ANNÉE.

A la quatrième année, le pêcher commence à prendre une belle forme; les branches à fruit des membres inférieurs seront taillées au deuxième œil. Nous rappellerons à ce sujet qu'il faut toujours laisser un bourgeon à bois à l'extrémité des branches à fruit, afin d'attirer la sève dans le fruit. Lorsque ce bourgeon aura atteint deux ou trois pouces, il faudra le pincer, afin que la sève puisse se porter également sur les bourgeons postérieurs. C'est là l'objet de l'opération du rapprochement, opération si nécessaire à la conservation des arbres et des fruits.

Les branches de continuité des membres inférieurs seront taillées aux trois quarts de leur longueur (figure 4, C C), et ouvertes dans un angle de cinquante-cinq degrés environ. Les membres secondaires seront traités de même, quant à la taille et aux soins à donner aux branches à fruit. Ces deux membres seront ouverts dans un angle de trente-cinq degrés environ. Il faut avoir bien soin de conserver deux branches à bois, le plus bas possible des deuxièmes membres, afin de former, pour l'année suivante, les troisièmes membres. Ces deux branches seront palissées verticalement. Si l'une des deux était plus faible que l'autre, on devrait, pour la fortifier, la laisser libre, et ne la palisser que lorsque l'égalité serait rétablie.

VI. — 5ᵉ ET 6ᵉ ANNÉE.

Parvenu à cet âge, le pêcher continue à faire des progrès rapides. Il a déjà acquis une étendue de dix-huit à vingt pieds. Je commence alors à tailler les branches à fruit à la troisième fleur, au lieu de tailler à la deuxième (fig. 5, B B). Les premiers, deuxièmes et troisièmes membres sont taillés aux trois quarts de leur pousse de l'année précédente, et palissés, savoir : les deux premiers dans un angle de soixante-cinq degrés environ, les seconds dans un angle de quarante, et les troisièmes dans un angle de quinze à vingt. Il faut toujours continuer à donner tous ses soins aux opérations du pincement et du rapprochement. Nous parlerons du reste avec plus de détails à la fin de ces deux opérations si importantes.

VII. — 7ᵉ, 8ᵉ ET 9ᵉ ANNÉE.

A ce degré de croissance, le pêcher est dans son plein rapport, et commence même à devenir moins fougueux. C'est alors aussi que je commence à tailler plus long. Les branches de continuité seront taillées à moitié de leur longueur (fig. 6, H H). Les membres seront ouverts toujours en suivant la même proportion, c'est-à-dire que les deux premiers devront avoir une ouverture de soixante-dix degrés environ ; les seconds, une de cinquante ou cinquante-cinq ; et les troisièmes, une de quarante-cinq seulement. Quoique mon intention ne soit pas de former des quatrièmes membres, cependant je conserve avec soin deux bourgeons situés au centre, et le plus bas possible, afin de m'assurer un moyen de remplacement si l'un des membres venait à périr. Voici, dans ce cas, comment je m'y prends pour procéder à ce remplacement. Supposons, par exemple, que le membre inférieur dût être supprimé, j'abaisserais à sa place le membre secondaire, qui serait remplacé à son tour par le troisième membre, et je mettrais à la place de ce dernier une des deux branches de remplacement dont je viens de parler.

VIII. — DE LA TAILLE EN GÉNÉRAL.

J'ai indiqué, année par année, les principes que l'on doit suivre pour donner au pêcher la force et la régularité désirables, je vais maintenant faire connaître comment il faut tailler le pêcher ainsi formé, pour lui assurer la durée de tous ces avantages. Cet arbre, à l'âge de huit ou neuf ans, est plein de vigueur et de richesse ; il a dû acquérir tout son développement, et tous les soins du jardinier n'ont plus qu'un but, la production des fruits. La taille raisonnée à laquelle l'arbre doit être soumis n'est pas difficile à comprendre. Cette opération s'exécute ordinairement au moment de la pleine floraison. Voici comment on y procède pour tailler comme pour palisser. On commence par les branches de continuité des membres inférieurs (fig. 7, G G). On passe ensuite à la branche à fruit placée horizontalement sous le membre D, en continuant ainsi jusqu'à celles qui sont situées près du tronc de l'arbre A C. On fait ensuite la même opération aux branches situées en dessus des membres. Les numéros que nous avons mis sur la figure indiquent la longueur des tailles des différentes années. Toutes les branches à fruit, placées à droite et à gauche des membres, sont taillées à la deuxième fleur, en ayant toujours soin de laisser un bourgeon à bois en avant de la fleur (fig. 7, C), afin d'attirer la sève pour nourrir le fruit. Cette branche devra cependant être pincée, afin d'empêcher qu'elle devienne trop fougueuse.

IX. — DE L'ÉBOURGEONNEMENT ET DU PINCEMENT.

Ces deux opérations sont d'une égale utilité, et s'exécutent à la même époque. L'ébourgeonnement consiste à retrancher tous les bourgeons inutiles qui naissent sur le devant et sur le derrière des membres, et ceux qui sont placés entre la branche de remplacement et le bourgeon terminal de la branche à fruit. Cette opération, comme l'on voit, est d'une grande importance, puisque c'est elle qui assure la force des membres, l'abondance et la bonne qualité des fruits. L'ébourgeonnement se pratique ordinairement dans le courant du mois de mai.

C'est à la même époque que l'on doit s'occuper de diminuer la trop grande abondance des fruits. Ce soin est également fort important, car c'est de lui que dépend toute la saveur du fruit. Beaucoup de praticiens négligent trop souvent cette attention, et leurs arbres restent chargés de fruits qu'ils sont incapables de porter à maturité. J'ai pour principe de ne laisser jamais qu'une ou deux pêches sur chaque branche fructifère. Ce que je perds en quantité, je le regagne, et bien au-delà, en saveur et en volume. Je ferai observer, d'ailleurs, que chaque membre étant pourvu d'environ quatre-vingts branches à fruit, les six membres portent ainsi quatre cent quatre-vingts branches et près d'un millier de pêches. Je parle d'un arbre tout formé, et ayant, par conséquent, une envergure de trente-quatre pieds environ.

* * *

Le pincement est également une opération fort importante, en ce qu'elle assure la juste répartition des sucs nourriciers, et détourne la sève des bourgeons verticaux des branches à fruit, toujours prêts à s'emporter, pour la faire affluer dans les parties moins vigoureuses. C'est le pincement surtout qui conserve la régularité des arbres. Cette opération demande un peu d'habitude. Les bourgeons à bois qui pourraient devenir des gourmands sont, comme nous l'avons dit, placés plutôt en dessus qu'en dessous des membres (fig. 7, A A A). On les taille à deux ou trois pouces ; ils ne tardent pas à repousser, il est vrai, mais une portion de la sève se sera reportée sur les bourgeons horizontaux. Il ne faut jamais pincer les branches de continuité destinées au prolongement des membres. On les tient toujours dans la direction du membre, et quelquefois on les attache avant l'époque du palissage, afin de les préserver des vents. Dans le cas où ces branches viendraient à se rompre, il faudrait les remplacer de suite par le bourgeon inférieur le plus voisin de l'extrémité (fig. 7, D).

X. — DU PALISSAGE.

Ce dernier travail complète tous les soins à donner au pêcher. C'est le palissage qui donne à cet arbre toute la régularité qui fait l'ornement d'un espalier. L'époque où doit se faire cette opération n'est pas déterminée. Je la commence en général vers le 8 ou le 15 juillet. Il ne convient pas de palisser plus tôt, parce qu'avant cette époque, la sève étant en mouvement, les branches attachées de trop bonne heure poussent beaucoup de faux bois sur les branches à fruit. Du reste, le palissage est une opération très-facile, lorsque l'arbre a été convenablement pincé, taillé et ébourgeonné. Voici comment j'y procède : Je commence par attacher la branche de continuité du membre inférieur (fig. 7, G). Je la lie avec du jonc en faisant plusieurs ligatures, selon la longueur de la branche. Je passe ensuite aux branches placées en dessous de ce membre, en commençant par celles situées à l'extrémité, et descendant successivement jusqu'à la base du membre, puis je m'occupe de celles situées en dessus du membre et ainsi de suite. Dans un arbre bien palissé, un membre, entouré de ses branches inférieures et supérieures bien régulièrement alignées, doit figurer une arête de poisson.

XI. — DES SOINS A DONNER AUX FRUITS.

Il est essentiel, pour donner une belle couleur aux fruits, de les dégager des feuilles qui interceptent les rayons du soleil; ces feuilles doivent être coupées ou placées entre la pêche et le mur. Le fruit ainsi démasqué reçoit les bienfaits de l'air et de la lumière, deux agens si essentiels pour colorer les productions végétales et pour leur donner de la saveur. C'est un peu avant la coloration du fruit que quelques personnes s'amusent à écrire sur les pêches. On colle, à cet effet, sur le fruit, un papier sur lequel est découpé le mot que l'on veut écrire. Le soleil, ne frappant le fruit que par les découpures, colore seulement ces parties; lorsque le fruit est mûr, et qu'on décolle le papier, le mot seul est coloré en rouge, et le reste de la surface conserve une couleur pâle et étiolée.

en faisant plusieurs ligatures, selon la longueur de la branche. Je passe ensuite aux branches placées en dessous de ce membre, en commençant par celles situées à l'extrémité, et descendant successivement jusqu'à la base du membre, puis je m'occupe de celles situées en dessus du membre et ainsi de suite. Dans un arbre bien palissé, un membre, entouré de ses branches inférieures et supérieures bien régulièrement alignées, doit figurer une arête de poisson.

XI. — DES SOINS A DONNER AUX FRUITS.

Il est essentiel, pour donner une belle couleur aux fruits, de les dégager des feuilles qui interceptent les rayons du soleil; ces feuilles doivent être coupées ou placées entre la pêche et le mur. Le fruit ainsi démasqué reçoit les bienfaits de l'air et de la lumière, deux agens si essentiels pour colorer les productions végétales et pour leur donner de la saveur. C'est un peu avant la coloration du fruit que quelques personnes s'amusent à écrire sur les pêches. On colle, à cet effet, sur le fruit, un papier sur lequel est découpé le mot que l'on veut écrire. Le soleil, ne frappant le fruit que par les découpures, colore seulement ces parties; lorsque le fruit est mûr, et qu'on décolle le papier, le mot seul est coloré en rouge, et le reste de la surface conserve une couleur pâle et étiolée.

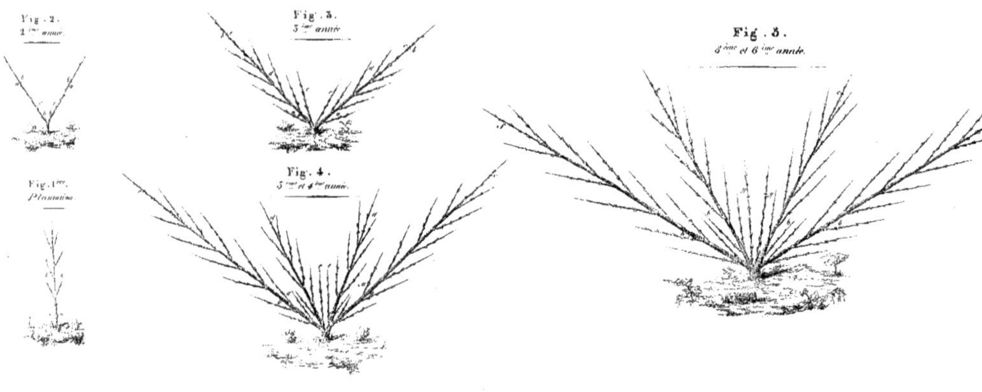

Fig . 2 .
2.me année.
Fig . 3 .
3.me année.
Fig . 5 .
5.me et 6.me année.
Fig . 1.er.
Plantation.
Fig . 4 .
3.me et 4.me année.
SERVICE PHOTOGRAPHIQUE
REPRODUCTION INTERDITE
BIBL. NAT.
PARIS

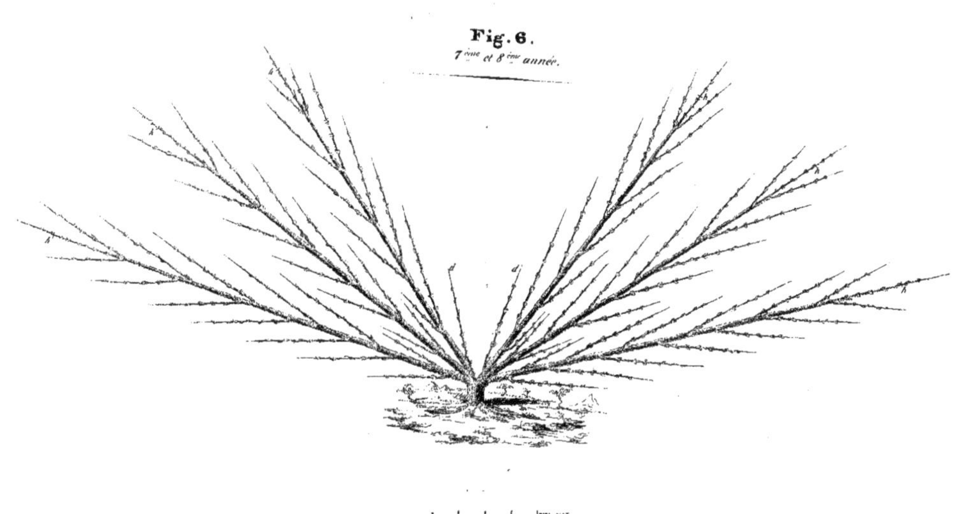

Fig. 6.

7ᵐᵉ et 8ᵐᵉ année.

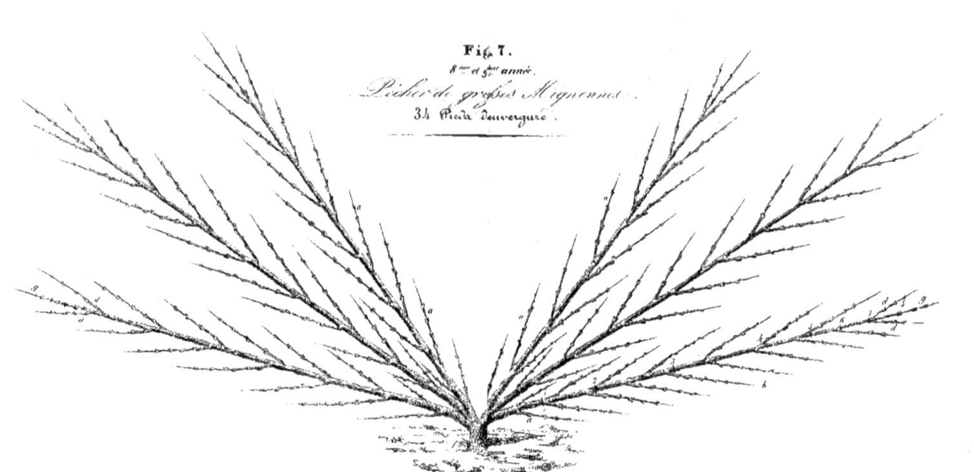

Fig. 7. 8.me et 9.me année. Pêcher de greffes Mignonne. 34 Pieds d'envergure.

FIN

523427

Entier

R 115649

: 1252 Volts : 118 : 8